はしがき

　一般にモーター回転によるファンヒータ、またはヘヤードライヤなどは、熱源を電磁誘導加熱するものであり、これにより発生する電磁界が健康に影響を及ぼすことが明らかになった。　送電線周辺の住民の健康調査では、癌・小児白血病との関連性がある報告が研究者から発表された。　この電磁波・電磁界による強度の悪影響を防止する為になされたものであるが、この防止する使用方法の著作権を表現したものである。

Preface

Generally the fan heater by motor rotation or a hair dryer carries out electromagnetic induction heating of the heat source, and it became clear that the electromagnetic field this occurs [electromagnetic field] affect health.

In the health survey of the residents of the power line circumference, the report with relevance with cancer and childhood leukemia was released by the researcher.

It is made in order to prevent the bad influence of the intensity by this electromagnetic wave and electromagnetic field, but the copyright of these directions for use to prevent is expressed.

目　次

1、磁気シールド温風ヒータ（イラスト解説）

(1)　自家用車 -- 4

(2)　バス -- 5

(3)　トラック --- 6

(4)　スポーツカー --- 7

(5)　三輪車 -- 8

(6)　タクシー -- 9

English of the usage

2、

Magnetic shield warm air heater

Illustration commentary

(1) --10

Privately-owned car

(2) --11

Bus

(3) --12

Track

(4) --13

Sports car

(5) --14

Tricycle

⑹---15
　Taxi

３、公報解説---16
４、Patent journal English ---------------------------------24
５、公報解説 --34

1、磁気シールド温風ヒータ（イラスト解説）

(1) 自家用車

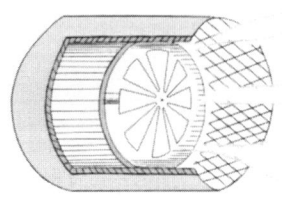

⑵ バス

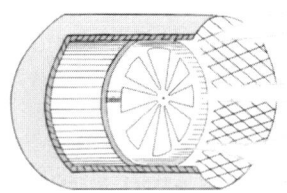

(3) トラック

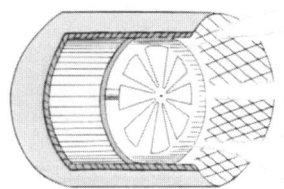

⑷　スポーツカー

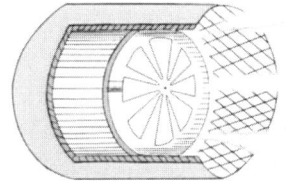

⑸ 三輪車

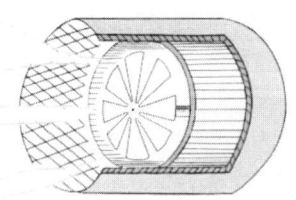

⑹　タクシー

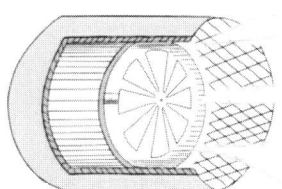

English of the usage

2、

Magnetic shield warm air heater

Illustration commentary

(1)

Privately-owned car

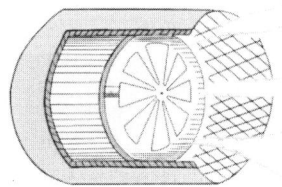

(2)

Bus

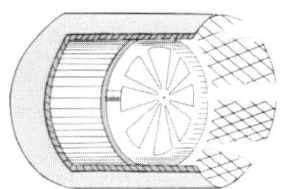

(3)

Track

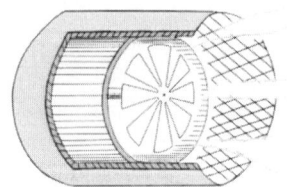

(4)

Sports car

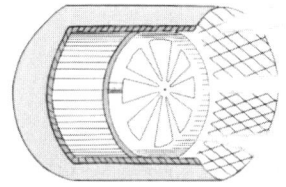

(5)

Tricycle

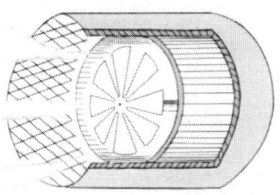

⑹

Taxi

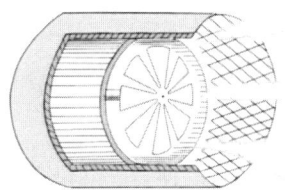

3、公報解説

特開2012-12002

発明の名称；車両用温風ヒータ

特許権者；渡辺 満

【要約】
【課題】本発明は、電磁誘導加熱手段を利用した、電磁界の人体への影響が少ない車両用温風ヒータを提供する。

【解決手段】本発明の車両用温風ヒータは、高透磁性材料を内包する耐熱円筒体の温風発生室1の吹出口2に導電性金網の磁気シールド3が設けられ、前記温風発生室1の内面に円環筒状の絶縁円筒体5内に螺旋状に巻かれたトロイダルコイル6が設けられ、該トロイダルコイル6の内側に前記絶縁円筒体5により前記トロイダルコイル6と非接触状態で設けられた中空円筒状の磁性金属材料の磁性円筒体7が設けられ、該磁性円筒体7に支持杆8、9を介して中心部を固定されて放射状に外側へ向かって末広がり状に台形形状の風力変形可能な多数枚の金属製放熱板4が前記温風発生室1内部の吹出口2を囲うように固定される。

【選択図】図3

【特許請求の範囲】

【請求項1】

高透磁性材料を内包する耐熱円筒体の温風発生室の吹出口に導電性金網の磁気シールドが設けられ、前記温風発生室の内面に円環筒状の絶縁円筒体内に螺旋状に巻かれたトロイダルコイルが設けられ、該トロイダルコイルの内側に前記絶縁円筒体により前記トロイダルコイルと非接触状態で設けられた中空円筒状の磁性金属材

料の磁性円筒体が設けられ、該磁性円筒体に中心部を固定されて放射状に外側へ向かって末広がり状に台形形状の風力変形可能な多数枚の金属製放熱板が前記温風発生室内部の吹出口を囲うように固定されることを特徴とする車両用温風ヒータ。

【発明の詳細な説明】

【技術分野】

【０００１】

本発明は、電磁誘導加熱手段を利用したヒータにより加熱する車両用温風ヒータに関する。

【背景技術】

【０００２】

従来、長距離トラックなどの車室内を暖房するため、燃料タンクに貯蔵された燃料を利用して暖房を行う燃焼式ヒータが知られている（特許文献１を参照）。

この公知技術は、インジェクタにより噴射された燃料は気化プレートに付着し、エアポンプにより供給された空気と混合され、点火グロープラグにより着火し火炎が形成され、火炎の周囲に設けられた燃焼筒の外周にはケーシングが設けられ、更にその外にハウジングが設けられ、前記ケーシングと前記ハウジングとの間には熱媒体が流入し、火炎により発生した燃焼ガスの熱量と熱交換を行う燃焼式ヒーターである。

この燃焼式ヒーターは、熱を吸収した熱媒体が車両に搭載された温水ヒーターへ供給され、さらに温風に変換されるため、車室内暖房装置として即暖性に欠けるものであったし、かつ電気自動車等には利用できないものであった。

【０００３】

また、熱源の加熱手段として磁気誘導加熱手段を採用し、熱風発生室に磁気誘導加

熱ヒータを備えてヘヤードライヤの空気を加熱する安全性に優れたヘヤードライヤが知られている（特許文献2を参照）。

この公知技術は、絶縁内筒に巻かれたコイルと、絶縁内筒に挿入され、前記コイルと非接触状態に設けた磁性金属材料の筒とで形成された熱源をヘヤードライヤ本体内に内蔵し、前記コイルに高周波交番磁界の発生源を接続し、高周波電流を流すヘヤードライヤである。

このヘヤードライヤは、ヘヤードライヤ本体の熱源を電磁誘導加熱手段により構成したことにより、熱源の構造が簡単になり、かつ加熱される磁性金属体の温度分布が全体に亘って均一になるものであるが、発生する電磁界の人体への影響が考慮されていないものであった。

【先行技術文献】

【特許文献】

【0004】

【特許文献1】特開平7－223426号公報

【特許文献2】特開2007－190319号公報

【発明の概要】

【発明が解決しようとする課題】

【0005】

本発明は、電磁誘導加熱手段を利用した、電磁界の人体への影響が少ない車両用温風ヒータを提供することを目的とする。

【課題を解決するための手段】

【0006】

本発明の車両用温風ヒータは、高透磁性材料を内包する耐熱円筒体の温風発生室の

吹出口に導電性金網の磁気シールドが設けられ、前記温風発生室の内面に円環筒状の絶縁円筒体内に螺旋状に巻かれたトロイダルコイルが設けられ、該トロイダルコイルの内側に前記絶縁円筒体により前記トロイダルコイルと非接触状態で設けられた中空円筒状の磁性金属材料の磁性円筒体が設けられ、該磁性円筒体に中心部を固定されて放射状に外側へ向かって末広がり状に台形形状の風力変形可能な多数枚の金属製放熱板が前記温風発生室内部の吹出口を囲うように固定されるものである。

【発明の効果】

【０００７】

本発明の車両用温風ヒータは、高透磁性材料を内包する耐熱円筒体の温風発生室の吹出口に導電性金網の磁気シールドが設けられ、前記温風発生室の内面に円環筒状の絶縁円筒体内に螺旋状に巻かれたトロイダルコイルが設けられ、該トロイダルコイルの内側に前記絶縁円筒体により前記トロイダルコイルと非接触状態で設けられた中空円筒状の磁性金属材料の磁性円筒体が設けられ、該磁性円筒体に中心部を固定されて放射状に外側へ向かって末広がり状に台形形状の風力変形可能な多数枚の金属製放熱板が前記温風発生室内部の吹出口を囲うように固定されるため、加熱される放熱板の温度分布が風力により放熱板が撓（しな）って全体に亘って均一になり、かつ発生する電磁界の人体への影響が磁気シールドにより少ない効果がある。

【図面の簡単な説明】

【０００８】

【図１】本発明の車両用温風ヒータの温風発生室の外観斜視図である。

【図２】磁気シールドを除いて示す温風発生室の外観斜視図である。

【図３】本発明の車両用温風ヒータの温風発生室の断面図である。

【図４】本発明の車両用温風ヒータの温風発生室の動作説明図である。

【発明を実施するための形態】

【０００９】

本発明の車両用温風ヒータの一実施例を添付図面に基づいて、以下に説明する。本発明の車両用温風ヒータは、熱風発生室に熱源を設け、図示しない電源によりファン及びファンを駆動するモータを内蔵したものであって、車両用温風ヒータ本体の熱風発生室の熱源として電磁誘導加熱手段を利用したものである。前記熱風発生室の熱源がトロイダルコイルと中空円筒状の磁性体金属材料の磁性円筒体とで形成しているので、磁性体金属材料の磁性円筒体自体が発熱するので空気の加温が迅速であり、かつ効果的に加熱できるものである。

【００１０】

図１の外観図に示すように、高透磁性材料を内包する耐熱円筒体の温風発生室１の吹出口２には導電性金網の磁気シールド３が設けられ、図２の磁気シールド３を除いて示す温風発生室１の外観斜視図に示すように、前記温風発生室１内部には中心部を固定されて放射状に外側に向かって末広がり状の台形形状の風力変形可能な多数枚の放熱板４が前記温風発生室１内部の吹出口２を囲うように固定される。

【００１１】

図３の断面図に示すように、前記温風発生室１の内面に円環筒状の絶縁円筒体５内に螺旋状に巻かれたトロイダルコイル６が設けられ、該トロイダルコイル６の内側に前記絶縁円筒体５により前記トロイダルコイル６と非接触状態で設けられた中空円筒状の磁性金属材料の磁性円筒体７が設けられ、該磁性円筒体７に前記放熱板４の中心部を支持するための支持杆８が前記磁性円筒体７の直径方向に設けられ、

該支持杆８の中央部に前記放熱板４を支持する別の支持杆９が立設される。

【００１２】

次に、本発明の車両用温風ヒータの操作動作を添付図面に基づいて、以下に説明する。

電源をＯＮにすると、図３に示すトロイダルコイル７に高周波電流が流れて交番磁界を発生させると、交番磁界によって磁性円筒体７に渦電流が生じると共に、渦電流により発生したジュール熱によって前記磁性円筒体７が発熱し、温風発生室１に存在する空気を加熱することができる。

送風スイッチによりファンを駆動するモータ（図示せず）を駆動すると、ファン（図示せず）が回転して前記温風発生室１に送風を開始する。

その際、前記磁性円筒体７により放熱板４も加熱されると共に、前記ファン（図示せず）の風力により図４の動作説明図に矢印で示すように放熱板１０が撓（しな）って吹出口２から均一な温風を吹出す。

また、前記吹出口２には導電性金網の磁気シールド３が設けられているので、発生する電磁界を遮蔽する。

【符号の説明】

【００１３】

１　温風発生室

２　吹出口

３　磁気シールド

４　放熱板

５　絶縁円筒体

６　トロイダルコイル

7　磁性円筒体

8　支持杆

9　支持杆

【図面の簡単な説明】

【0008】

【図1】本発明の車両用温風ヒータの温風発生室の外観斜視図である。

【図2】磁気シールドを除いて示す温風発生室の外観斜視図である。

【図3】本発明の車両用温風ヒータの温風発生室の断面図である。

【図4】本発明の車両用温風ヒータの温風発生室の動作説明図である。

【図1】

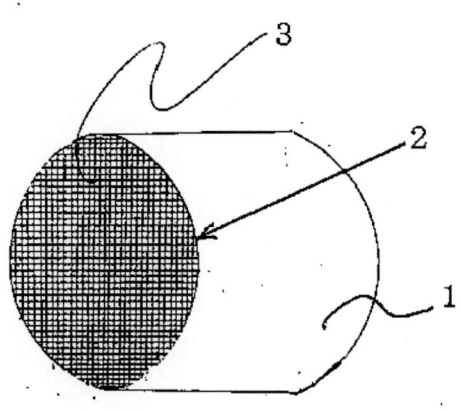

【図2】

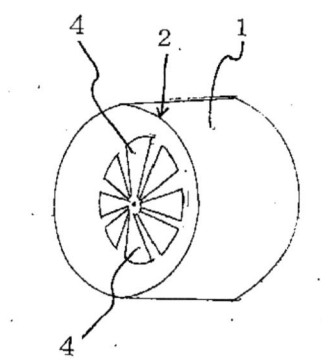

【図3】

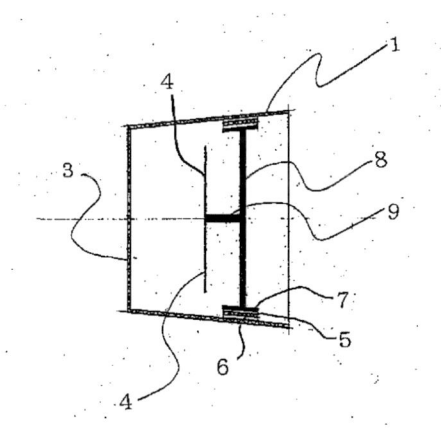

【図4】

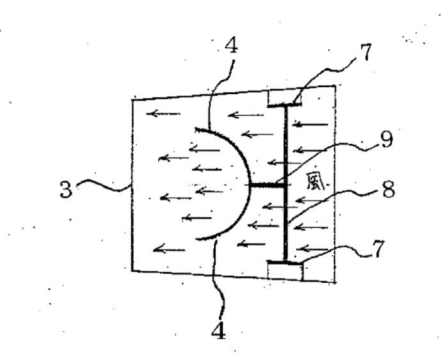

4、Patent journal English

CLAIMS

[Claim(s)]

[Claim 1]

Magnetic shielding of a conductive wire gauze is provided by air outlet of a warm air generating room of a heat-resistant cylindrical body which includes a highly permeable magnetic material, A toroidal coil spirally wound around the circular ring tubed insulating cylinder inside of the body is provided by inner surface of the aforementioned warm air generating room, A magnetic cylindrical body of a hollow cylinder-shaped magnetic metal material provided by the aforementioned toroidal coil and a noncontact state with the aforementioned insulating cylinder object inside this toroidal coil is provided, fixing the central part to this magnetic cylindrical body, and going outside radiately -- an end -- the shape of breadth -- a wind force of trapezoidal shape -- deformable -- many -- an air heater for vehicles fixing so that the metal heat sinks of several sheets may enclose an air outlet of the aforementioned warm air generating indoor part.

DETAILED DESCRIPTION

[Detailed Description of the Invention]

[Field of the Invention]

[0001]

The present invention relates to the air heater for vehicles heated with the heater using an electromagnetic induction heating means.

[Background of the Invention]

[0002]

In order to heat the inside of vehicle interior, such as a long-distance track, conventionally, the combustion heater which heats using the fuel stored in the fuel tank is known (see the Patent document 1).

The fuel in which this known art was injected by the injector adheres to an evaporation plate, It is mixed with the air supplied by the air pump, light by an ignition glowing plug, and a flame is formed, It is a combustion heater which performs the quantity of heat and heat exchange of the combustion gas which the casing was provided by the periphery of the heat chamber provided around the flame, the housing was further provided besides it, and the heat transfer medium flowed between the aforementioned casing and the aforementioned housing, and was emitted with the flame.

Since the heat transfer medium which absorbed heat is supplied to the hot water heater mounted on vehicles and is further converted to warm air, this combustion heater lacks in quick-warming as a heater in vehicle interior, and cannot be used for an electric vehicle.

[0003]

A magnetic induction heating means is adopted as a heating means of a heat source, and the hair dryer excellent in the safety which equips a hot wind generating room with a magnetic induction heating heater, and heats the air of a hair dryer is known (see the Patent document 2).

This known art is a hair dryer which contains the heat source formed by the aforementioned coil and the tube of the magnetic metal material provided to the noncontact state in the main part of a hair dryer, connects the source of release of a high frequency alternating magnetic field to the aforementioned coil, and sends the high frequency current by being inserted in the coil wound around the insulating inner cylinder, and an insulating inner cylinder.

The structure of a heat source becomes easy, and when this hair dryer constituted the heat source of the main part of a hair dryer by the electromagnetic induction heating means, the temperature distribution of the magnetic metal object heated covers the whole, and becomes uniform, but the influence of the human body on electromagnetic field by which it is generated is not taken into consideration.

[Citation list]

[Patent literature]

[0004]

[Patent document 1] JP, H7-223426, A

[Patent document 2] JP, 2007-190319, A

[Summary of Invention]

[Problem to be solved by the invention]

[0005]

An object of the present invention is to provide the air heater for vehicles using an electromagnetic induction heating means with little influence of the human body on electromagnetic field.

[Means for solving problem]

[0006]

Magnetic shielding of a conductive wire gauze is provided by the air outlet of the warm air generating room of a heat-resistant cylindrical body where the air heater for vehicles of the present invention includes a highly permeable magnetic material, The toroidal coil spirally wound around the circular ring tubed insulating cylinder inside of the body is provided by the inner surface of the aforementioned warm air generating room, The magnetic cylindrical body of the hollow cylinder-shaped magnetic metal material provided by the aforementioned toroidal coil and the noncontact state with the aforementioned insulating cylinder object inside this toroidal coil is provided, fixing the central part to this magnetic cylindrical body, and going outside radiately -- an end -- the shape of breadth -- the wind force of trapezoidal shape -- deformable -- many -- it fixes so that the metal heat sinks of several sheets may enclose the air outlet of the aforementioned warm air generating indoor part.

[Effect of the Invention]

[0007]

Magnetic shielding of a conductive wire gauze is provided by the air outlet of the warm air generating room of a heat-resistant cylindrical body where the air heater for vehicles of the present invention includes a highly permeable magnetic material, The toroidal coil spirally wound around the circular ring tubed insulating cylinder inside of the body is provided by the inner surface of the aforementioned warm air generating room, The magnetic cylindrical body of the hollow cylinder-shaped magnetic metal material provided by the aforementioned toroidal coil and the noncontact state with the aforementioned insulating cylinder object inside this toroidal coil is provided, fixing the central part to this magnetic cylindrical body, and going outside radiately -- an end -- the shape of breadth -- the wind force of trapezoidal shape -- deformable -- many, since it fixes so that the metal heat sinks of several sheets may enclose the air outlet of the aforementioned warm air generating indoor part, A heat sink covers the whole as ** (carry out) with a wind force, and the temperature distribution of the heat sink heated becomes uniform, and the influence of the human body on electromagnetic field by which it is generated has few effects with magnetic shielding.

[Brief Description of the Drawings]

[0008]

[Drawing 1] It is an appearance perspective view of the warm air generating room of the air heater for vehicles of the present invention.

[Drawing 2] It is an appearance perspective view of the warm air generating room shown except for magnetic shielding.

[Drawing 3]It is a cross sectional view of the warm air generating room of the air heater for vehicles of the present invention.

[Drawing 4]It is an explanatory view of the warm air generating room of the air heater for vehicles of the present invention of operation.

[Description of Embodiments]

[0009]

One working example of the air heater for vehicles of the present invention is described below based on an accompanying drawing.

The air heater for vehicles of the present invention contains the motor which drives a fan and a fan according to the power supply which does not provide and illustrate a heat source in a hot wind generating room, and uses an electromagnetic induction heating means as a heat source of the hot wind generating room of the main part for vehicles of an air heater.

Since the heat source of the aforementioned hot wind generating room forms by the toroidal coil and the magnetic cylindrical body of a hollow cylinder-shaped magnetic body metallic material, and the magnetic cylindrical body of a magnetic body metallic material itself generates heat, warming of air can heat effectively promptly.

[0010]

As are shown in the outline view of Fig. 1, and the magnetic shielding 3 of a conductive wire gauze is provided by the air outlet 2 of the warm air generating room 1 of the heat-resistant cylindrical body which includes a highly permeable magnetic material and it is shown in the appearance perspective view of the warm air generating room 1 shown except for the magnetic shielding 3 of Fig. 2. fixing the central part to warm air generating room 1 inside of the above, and going outside radiately -- an end -- the wind force of breadth-like trapezoidal shape -- deformable -- many -- it fixes so that the heat sink 4 of several sheets may enclose the air outlet 2 inside [warm air generating room 1] the above.

[0011]

As shown in the cross sectional view of Fig. 3, the toroidal coil 6 spirally wound around the inner surface of the aforementioned warm air generating room 1 in the cylindrical circular ring insulating cylinder object 5 is provided, The magnetic cylindrical body 7 of the hollow cylinder-shaped magnetic metal material provided by the aforementioned toroidal coil 6 and the noncontact state with the aforementioned insulating cylinder object 5 inside this toroidal coil 6 is provided, The support lever 8 for supporting the central part of the aforementioned heat sink 4 to this magnetic cylindrical body 7 is provided by the diametral direction of the aforementioned magnetic cylindrical body 7, and another support lever 9 which supports the aforementioned heat sink 4 in the central part of this support lever 8 is set up.

[0012]

Next, operation operation of the air heater for vehicles of the present invention is described below based on an accompanying drawing.

If the high frequency current flows into the toroidal coil 7 shown in Fig. 3 when a power supply is turned ON and an alternating magnetic field is generated, an eddy current will arise in the magnetic cylindrical body 7 by an alternating magnetic field, and. The aforementioned magnetic cylindrical body 7 generates heat with the Joule heat generated by the eddy current, and the air which exists in the warm air generating room 1 can be heated.

If the motor (not shown) which drives a fan with an air blasting switch is driven, a fan (not shown) will rotate and air blasting will be started in the aforementioned warm air generating room 1.

The heat sink 4 is also heated by the aforementioned magnetic cylindrical body 7 in that case, and with the wind force of the aforementioned fan (not shown), in the explanatory view of Fig. 4 of operation, as an arrow shows, the heat sink 10 blows off uniform warm air from the air outlet 2 as ** (carry out). Since the magnetic shielding 3 of the conductive wire gauze is provided by the aforementioned air outlet 2, the electromagnetic field to generate are shielded.

[Explanations of letters or numerals]

[0013]

1 Warm air generating room

2 Air outlet

3 Magnetic shielding

4 Heat sink

5 Insulating cylinder object

6 Toroidal coil

7 A magnetic cylindrical body

8 Support lever

9 Support lever

Drawing1

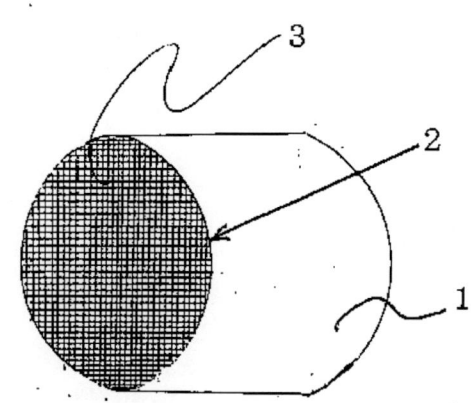

Drawing2

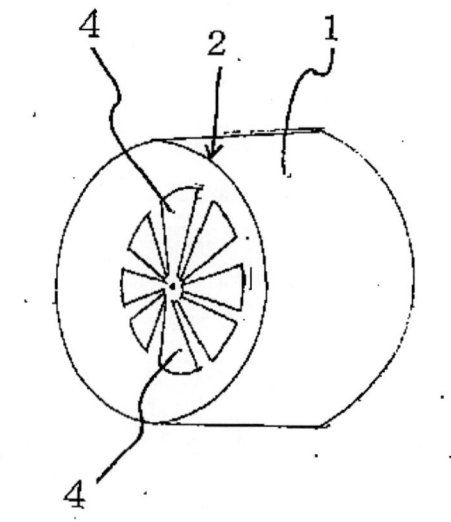

Drawing3

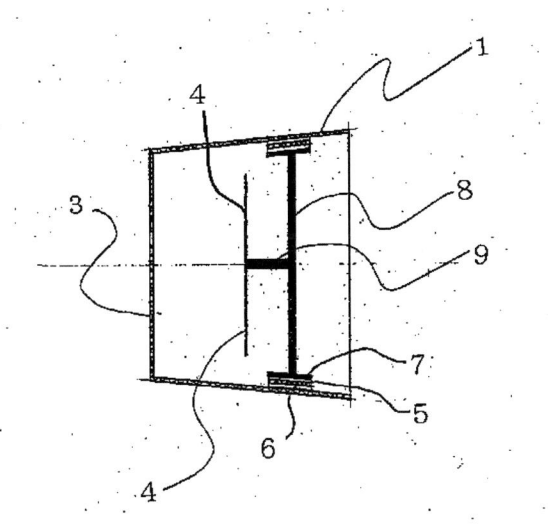

Drawing4

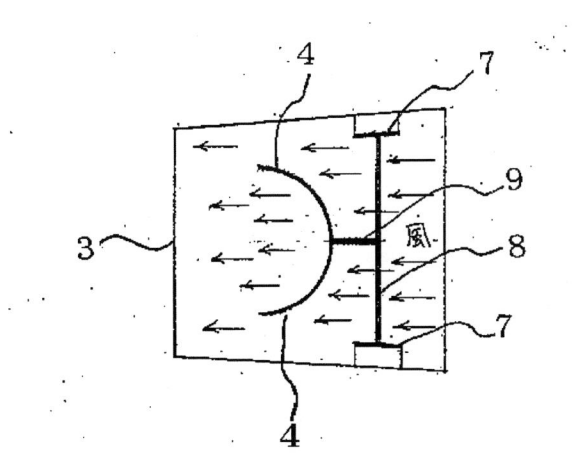

33

5、公報解説

特許第4659913号

発明の名称；車両用温風ヒータ

特許権者；渡辺　満

【要約】

【課題】本発明は、電磁誘導加熱手段を利用した、電磁界の人体への影響が少ない車両用温風ヒータを提供する。

【解決手段】本発明の車両用温風ヒータは、車両用温風ヒータ本体において、高透磁性材料を内包する耐熱円筒体の温風発生室1の吹出口に導電性金網の磁気シールド3が設けられ、前記温風発生室1の内面に円環筒状の絶縁円筒体6内に螺旋状に巻かれたトロイダルコイル7が設けられ、該トロイダルコイル7の内側に前記絶縁円筒体6により前記トロイダルコイル7と非接触状態で設けられた中空円筒状の磁性金属材料の磁性円筒体8が設けられ、該磁性円筒体8に風力変形可能な多数枚の金属製放熱板4が前記温風発生室内部1の吹出口を囲うように固定されるものである。

【特許請求の範囲】

【請求項1】

高透磁性材料を内包する耐熱円筒体の温風発生室の吹出口に導電性金網の磁気シールドが設けられ、前記温風発生室の内面に円環筒状の絶縁円筒体内に螺旋状に巻かれたトロイダルコイルが設けられ、該トロイダルコイルの内側に前記絶縁円筒体により前記トロイダルコイルと非接触状態で設けられた中空円筒状の磁性金属材

料の磁性円筒体が設けられ、該磁性円筒体に中心に向かって先尖り状の台形形状の風力変形可能な多数枚からなる多角錐形状の金属製放熱板が前記温風発生室内部の吹出口を囲うように固定されることを特徴とする車両用温風ヒータ。

【請求項2】

前記放熱板は、中心に向かって先尖り状の台形形状の一部を切り欠いてフィンを形成した風力変形可能な多数枚からなる多角錐形状の金属製放熱板が前記吹出口を囲うように固定されることを特徴とする請求項1記載の車両用温風ヒータ。

【発明の詳細な説明】

【技術分野】

【0001】

本発明は、電磁誘導加熱手段を利用したヒータにより加熱する車両用温風ヒータに関する。

【背景技術】

【0002】

従来、長距離トラックなどの車室内を暖房するため、燃料タンクに貯蔵された燃料を利用して暖房を行う燃焼式ヒータが知られている（特許文献1を参照）。

この公知技術は、インジェクタにより噴射された燃料は気化プレートに付着し、エアポンプにより供給された空気と混合され、点火グロープラグにより着火し火炎が形成され、火炎の周囲に設けられた燃焼筒の外周にはケーシングが設けられ、更にその外にハウジングが設けられ、前記ケーシングと前記ハウジングとの間には熱媒体が流入し、火炎により発生した燃焼ガスの熱量と熱交換を行う燃焼式ヒータである。

この燃焼式ヒータは、熱を吸収した熱媒体が車両に搭載された温水ヒーターへ供給され、さらに温風に変換されるため、車室内暖房装置として即暖性に欠けるものであったし、かつ電気自動車等には利用できないものであった。

【０００３】

また、熱源の加熱手段として磁気誘導加熱手段を採用し、熱風発生室に磁気誘導加熱ヒータを備えてヘヤードライヤの空気を加熱する安全性に優れたヘヤードライヤが知られている（特許文献２を参照）。

この公知技術は、絶縁内筒に巻かれたコイルと、絶縁内筒に挿入され、前記コイルと非接触状態に設けた磁性金属材料の筒とで形成された熱源をヘヤードライヤ本体内に内蔵し、前記コイルに高周波交番磁界の発生源を接続し、高周波電流を流すヘヤードライヤである。

このヘヤードライヤは、ヘヤードライヤ本体の熱源を電磁誘導加熱手段により構成したことにより、熱源の構造が簡単になり、かつ加熱される磁性金属体の温度分布が全体に亘って均一になるものであるが、発生する電磁界の人体への影響が考慮されていないものであった。

【先行技術文献】

【特許文献】

【０００４】

【特許文献１】特開平７－２２３４２６号公報

【特許文献２】特開２００７－１９０３１９号公報

【発明の概要】

【発明が解決しようとする課題】

【０００５】

本発明は、電磁誘導加熱手段を利用した、電磁界の人体への影響が少ない車両用温風ヒータを提供することを目的とする。

【課題を解決するための手段】
【0006】
本発明の車両用温風ヒータは、高透磁性材料を内包する耐熱円筒体の温風発生室の吹出口に導電性金網の磁気シールドが設けられ、前記温風発生室の内面に円環筒状の絶縁円筒体内に螺旋状に巻かれたトロイダルコイルが設けられ、該トロイダルコイルの内側に前記絶縁円筒体により前記トロイダルコイルと非接触状態で設けられた中空円筒状の磁性金属材料の磁性円筒体が設けられ、該磁性円筒体に中心に向かって先尖り状の台形形状の風力変形可能な多数枚からなる多角錐形状の金属製放熱板が前記温風発生室内部の吹出口を囲うように固定されるものである。

【発明の効果】
【0007】
本発明の車両用温風ヒータは、高透磁性材料を内包する耐熱円筒体の温風発生室の吹出口に導電性金網の磁気シールドが設けられ、前記温風発生室の内面に円環筒状の絶縁円筒体内に螺旋状に巻かれたトロイダルコイルが設けられ、該トロイダルコイルの内側に前記絶縁円筒体により前記トロイダルコイルと非接触状態で設けられた中空円筒状の磁性金属材料の磁性円筒体が設けられ、該磁性円筒体に中心に向かって先尖り状の台形形状の風力変形可能な多数枚からなる多角錐形状の金属製放熱板が前記温風発生室内部の吹出口を囲うように固定されるため、加熱される放熱板の温度分布が風力により放熱板が撓（しな）って全体に亘って均一になり、かつ発生する電磁界の人体への影響が磁気シールドにより少ない効果がある。

【図面の簡単な説明】

【0008】

【図1】本発明の車両用温風ヒータの温風発生室の実施例1の外観斜視図である。

【図2】磁気シールドを除いて示す温風発生室の実施例1の外観斜視図である。

【図3】本発明の車両用温風ヒータの温風発生室の実施例1の断面図である。

【図4】本発明の車両用温風ヒータの温風発生室の実施例1の動作説明図である。

【図5】本発明の車両用温風ヒータの温風発生室の実施例2の断面図である。

【図6】本発明の車両用温風ヒータの温風発生室の実施例2の動作説明図である。

【図7】磁気シールドを除いて示す温風発生室の実施例3の外観斜視図である。

【図8】本発明の車両用温風ヒータの温風発生室の実施例3の断面図である。

【図9】本発明の車両用温風ヒータの温風発生室の実施例3の動作説明図である。

【発明を実施するための形態】

【0009】

本発明の車両用温風ヒータの一実施例を添付図面に基づいて、以下に説明する。
本発明の車両用温風ヒータは、熱風発生室に熱源を設け、図示しない電源によりファン及びファンを駆動するモータを内蔵したものであって、車両用温風ヒータ本体の熱風発生室の熱源として電磁誘導加熱手段を利用したものである。
前記熱風発生室の熱源がトロイダルコイルと中空円筒状の磁性体金属材料の磁性円筒体とで形成しているので、磁性体金属材料の磁性円筒体自体が発熱するので空気の加温が迅速であり、かつ効果的に加熱できるものである。

【実施例1】

【0010】

図1の外観図に示すように、高透磁性材料を内包する耐熱円筒体の温風発生室1の吹出口2には導電性金網の磁気シールド3が設けられ、該磁気シールド3を除いて

示す図2の温風発生室1の外観斜視図に示すように、前記温風発生室1内部の吹出口2側には風力変形可能で中心に向かって先尖り状の台形形状の多数枚の金属製放熱板4が前記吹出口2を囲うように固定される。なお、前記放熱板4を撓（たわ）まない固定式とした場合には、先端が台形形状であるため、通風開口5が形成される。

図3の断面図に示すように、前記温風発生室1の内面に円環筒状の絶縁円筒体6内に螺旋状に巻かれたトロイダルコイル7が設けられ、該トロイダルコイル7の内側に前記絶縁円筒体6により前記トロイダルコイル7と非接触状態で設けられた中空円筒状の磁性金属材料の磁性円筒体8が設けられ、該磁性円筒体8に前記放熱板4が前述のように前記吹出口2を囲うように固定される。

【0011】

次に、添付図面に基づいて、実施例1の操作動作を説明する。

電源をONにすると、図3に示すトロイダルコイル7に高周波電流が流れて交番磁界を発生させると、交番磁界によって磁性円筒体8に渦電流が生じると共に、渦電流により発生したジュール熱によって前記磁性円筒体8が発熱し、温風発生室1に存在する空気を加熱することができる。

送風スイッチによりファンを駆動するモータ（図示せず）を駆動すると、ファン（図示せず）が回転して前記温風発生室1に送風が開始する。

その際、前記磁性円筒体8により放熱板4も加熱されて、前記ファン（図示せず）の風力により図4の動作説明図に示すように放熱板4が撓（しな）って矢印で示すように吹出口2から均一な温風を吹出す。

また、前記吹出口2には導電性金網の磁気シールド3が設けられているので、発生する電磁界を遮蔽する。

【実施例2】

【0012】

図2の放熱板4を変形したもので、図5の断面図に示すように、前記温風発生室1内部には風力変形可能で中心に向かって先尖り状の台形形状の一部を切り欠いてフィン9を形成した多数枚の金属製放熱板4が前記吹出口2を囲うように固定される。なお、前記放熱板4の先端には通風開口5が形成される。

前述と同様に、前記温風発生室1の内面に円環筒状の絶縁円筒体6内に螺旋状に巻かれたトロイダルコイル7が設けられ、該トロイダルコイル7の内側に前記絶縁円筒体6により前記トロイダルコイル7と非接触状態で設けられた中空円筒状の磁性金属材料の磁性円筒体8が設けられ、該磁性円筒体8に前記放熱板4が前述のように前記吹出口2を囲うように固定される。

【0013】

次に、添付図面に基づいて、実施例2の操作動作を説明する。

電源をONにすると、図5に示すトロイダルコイル7に高周波電流が流れて交番磁界を発生させると、交番磁界によって磁性円筒体8に渦電流が生じると共に、渦電流により発生したジュール熱によって前記磁性円筒体8が発熱し、温風発生室1に存在する空気を加熱することができる。

送風スイッチによりファンを駆動するモータ（図示せず）を駆動すると、ファン（図示せず）が回転して前記温風発生室1に送風を開始する。

その際、前記磁性円筒体8により放熱板4のフィン9も加熱されて、前記ファン（図示せず）の風力により図6の動作説明図に示すようにフィン9が撓（しな）って矢印で示すように吹出口2から均一な温風を吹出す。

また、前記吹出口2には導電性金網の磁気シールド3が設けられているので、発生

する電磁界を遮蔽する。

【実施例３】

【００１４】

図７の磁気シールド３を除いて示す温風発生室１の外観斜視図に示すように、前記温風発生室１内部には風力変形可能で中心部を固定されて放射状に外側に向かって末広がり状の台形形状の多数枚の放熱板１０が前記吹出口２を囲うように固定される。

図８の断面図に示すように、前記温風発生室１の内面に円環筒状の絶縁円筒体６内に螺旋状に巻かれたトロイダルコイル７が設けられ、該トロイダルコイル７の内側に前記絶縁円筒体６により前記トロイダルコイル７と非接触状態で設けられた中空円筒状の磁性金属材料の磁性円筒体８が設けられ、該磁性円筒体８に前記放熱板１０の中心部を支持するための支持杆１１が前記磁性円筒体８に設けられる。

【００１５】

次に、添付図面に基づいて、実施例３の操作動作を説明する。

電源をＯＮにすると、図８に示すトロイダルコイル７に高周波電流が流れて交番磁界を発生させると、交番磁界によって磁性円筒体８に渦電流が生じると共に、渦電流により発生したジュール熱によって前記磁性円筒体８が発熱し、温風発生室１に存在する空気を加熱することができる。

送風スイッチによりファンを駆動するモータ（図示せず）を駆動すると、ファン（図示せず）が回転して前記温風発生室１に送風を開始する。

その際、前記磁性円筒体８により放熱板１０も加熱されて、前記ファン（図示せず）の風力により図９の動作説明図に示すように放熱板１０が撓（しな）って矢印で示すように吹出口２から均一な温風を吹出す。

また、前記吹出口2には導電性金網の磁気シールド3が設けられているので、発生する電磁界を遮蔽する。

【符号の説明】

【0016】

1　温風発生室

2　吹出口

3　磁気シールド

4　放熱板

5　通風開口

6　絶縁円筒体

7　トロイダルコイル

8　磁性円筒体

9　フィン

10　放熱板

11　支持杆

【図面の簡単な説明】

【0008】

【図1】本発明の車両用温風ヒータの温風発生室の実施例1の外観斜視図である。

【図2】磁気シールドを除いて示す温風発生室の実施例1の外観斜視図である。

【図3】本発明の車両用温風ヒータの温風発生室の実施例1の断面図である。

【図4】本発明の車両用温風ヒータの温風発生室の実施例1の動作説明図である。

【図5】本発明の車両用温風ヒータの温風発生室の実施例2の断面図である。

【図6】本発明の車両用温風ヒータの温風発生室の実施例2の動作説明図である。

【図7】磁気シールドを除いて示す温風発生室の実施例3の外観斜視図である。

【図8】本発明の車両用温風ヒータの温風発生室の実施例3の断面図である。

【図9】本発明の車両用温風ヒータの温風発生室の実施例3の動作説明図である。

【図1】

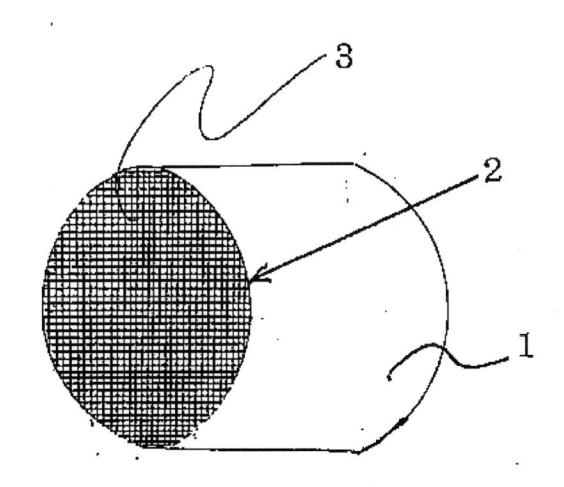

【図2】

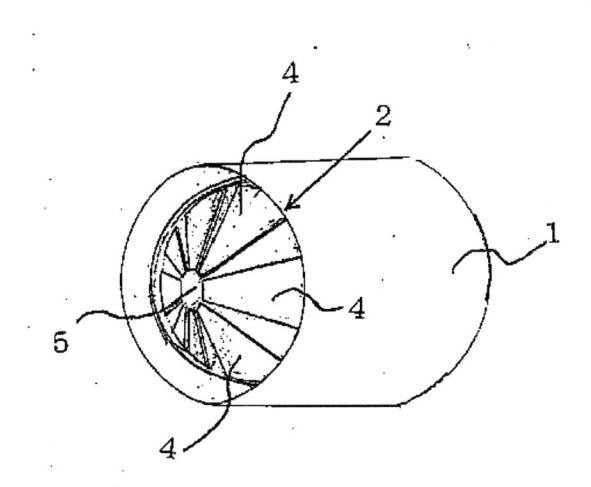

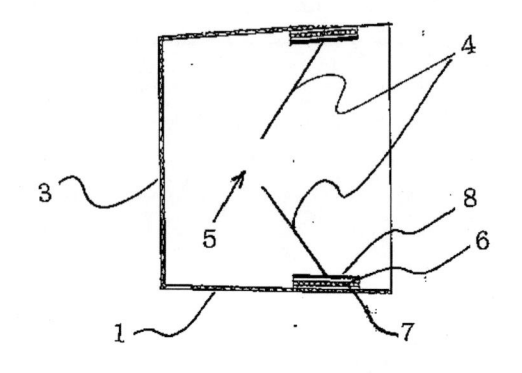

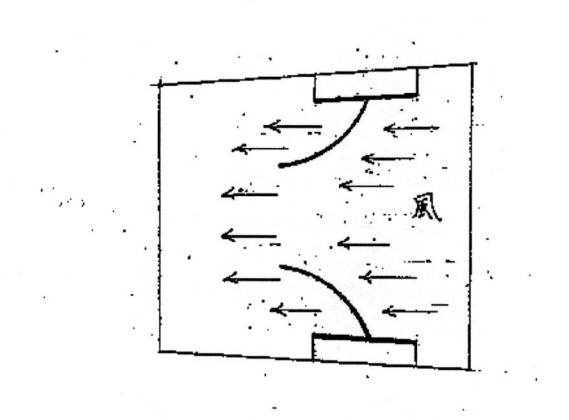

【図3】

【図4】

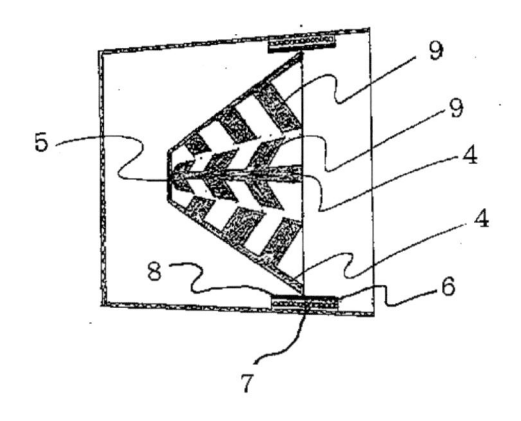

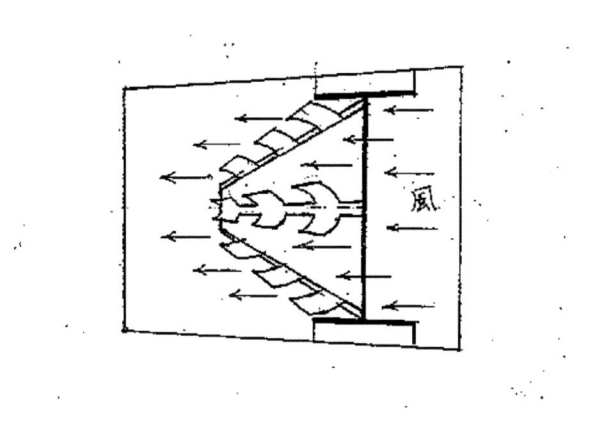

【図5】

【図6】

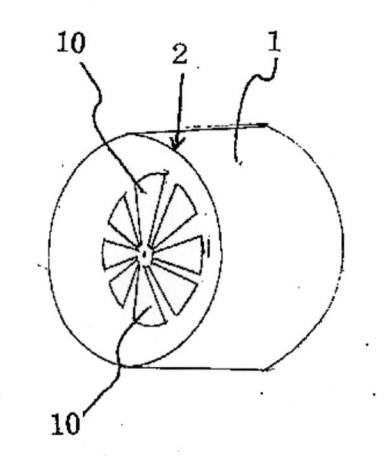

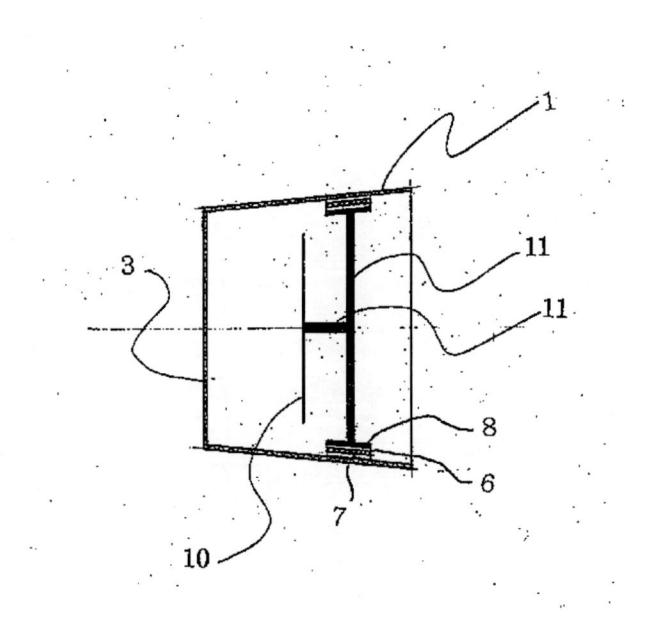

【図7】

【図8】

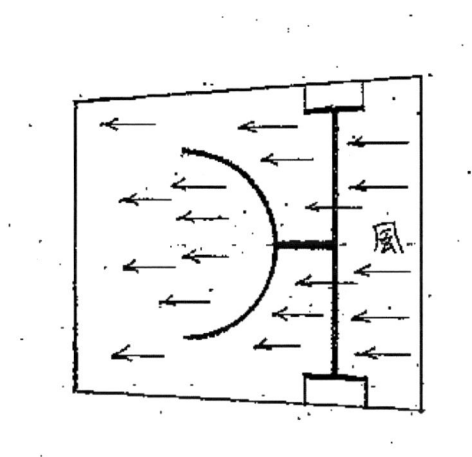

【図9】

電磁波・電磁界による癌・小児白血病の予防　磁気シールド温風ヒータ

定価（本体1,000円＋税）

―――――――――――――――――――――――――――――

２０１３年（平成２５年）９月５日発行

No. [WM-019]

発行所　発明開発連合会®

東京都渋谷区渋谷2-2-13

電話03-3498-0751㈹

発行人　ましば寿一

著作権企画　発明開発連合会

Printed in Japan

著者　渡辺　満 ©

―――――――――――――――――――――――――――――

本書の一部または全部を無断で複写、複製、転載、データーファイル化することを禁じています。

It forbids a copy, a duplicate, reproduction, and forming a data file for some or all of this book without notice.